BEI GRIN MACHT SICH IHR WISSEN BEZAHLT

- Wir veröffentlichen Ihre Hausarbeit, Bachelor- und Masterarbeit

- Ihr eigenes eBook und Buch - weltweit in allen wichtigen Shops

- Verdienen Sie an jedem Verkauf

Jetzt bei www.GRIN.com hochladen und kostenlos publizieren

Kim Holger Opel

Wirtschaftsgeschichtliche Entwicklung Nordeuropas

GRIN Verlag

Bibliografische Information der Deutschen Nationalbibliothek:

Die Deutsche Bibliothek verzeichnet diese Publikation in der Deutschen National-
bibliografie; detaillierte bibliografische Daten sind im Internet über http://dnb.d-
nb.de/ abrufbar.

Dieses Werk sowie alle darin enthaltenen einzelnen Beiträge und Abbildungen
sind urheberrechtlich geschützt. Jede Verwertung, die nicht ausdrücklich vom
Urheberrechtsschutz zugelassen ist, bedarf der vorherigen Zustimmung des Verla-
ges. Das gilt insbesondere für Vervielfältigungen, Bearbeitungen, Übersetzungen,
Mikroverfilmungen, Auswertungen durch Datenbanken und für die Einspeicherung
und Verarbeitung in elektronische Systeme. Alle Rechte, auch die des auszugsweisen
Nachdrucks, der fotomechanischen Wiedergabe (einschließlich Mikrokopie) sowie
der Auswertung durch Datenbanken oder ähnliche Einrichtungen, vorbehalten.

Impressum:

Copyright © 2004 GRIN Verlag GmbH
Druck und Bindung: Books on Demand GmbH, Norderstedt Germany
ISBN: 978-3-638-79932-4

Dieses Buch bei GRIN:

http://www.grin.com/de/e-book/36210/wirtschaftsgeschichtliche-entwicklung-
nordeuropas

GRIN - Your knowledge has value

Der GRIN Verlag publiziert seit 1998 wissenschaftliche Arbeiten von Studenten, Hochschullehrern und anderen Akademikern als eBook und gedrucktes Buch. Die Verlagswebsite www.grin.com ist die ideale Plattform zur Veröffentlichung von Hausarbeiten, Abschlussarbeiten, wissenschaftlichen Aufsätzen, Dissertationen und Fachbüchern.

Besuchen Sie uns im Internet:

http://www.grin.com/

http://www.facebook.com/grincom

http://www.twitter.com/grin_com

Hauptseminar „Der Wirtschaftsraum Nordeuropa"

Wirtschaftsgeschichtliche Entwicklung Nordeuropas

Kim Holger Opel, Köln

Seminar für Wirtschafts- und Sozialgeographie

Universität zu Köln

Inhaltsverzeichnis

Inhaltsverzeichnis I

Abbildungsverzeichnis I

1. Einführung in die Thematik..1

2. Wirtschaftsgeschichtliche Entwicklung in Skandinavien 2

   2.1 Prähistorische Verhältnisse..2

   2.2 Die Zeit der Wikinger – Phase der Expansion..2

   2.3 Die europäische Integration des Nordens im Mittelalter..7

   2.4 Die Hanse – Brücke zwischen den Märkten im 12. bis 17. Jahrhundert.....................8

      2.4.1 Historisierung..9

      2.4.2 Ende der „Alten Hanse" und Beginn der „Neuen Hanse" 12

   2.5 Skandinaviens wirtschaftliche Entwicklung seit der Frühen Neuzeit........................13

3. Schlussbetrachtung 15

Literaturverzeichnis...17

Abbildungsverzeichnis

Abb. 1:   Pörtner 1985, S. 32.

Abb. 2:   Gläßer 1993, S. 8.

Abb. 3:   Pörtner 1085, S. 274.

Abb. 4:   Hammel-Kiesow 2000, 1. Umschlagseite.

Abb. 5:   Walter 2004, S. 27. Entnommen aus: Praxis Geschichte 1/2001, S. 7.

Abb. 6:   Hammel-Kiesow 2000, 2. Umschlagseite.

.

1

1. Einführung in die Thematik

Wirtschaftsgeographische Aspekte Nordeuropas sind stark mit dessen wirtschaftsge-
schichtlicher Entwicklung verbunden. Mit der Besiedelung der nördlichen Länder zum
Ende der letzten Glazialzeit (ca. 10.000 bis 12.000 v. Chr.) entwickelte sich auch der
Handel und entsprechende Routen bildeten sich früh. Den ersten wirtschaftlichen Höhepunkt erreichte „der Norden" in der Wikingerzeit vom 9. bis zum 11. Jahrhundert.
Erstmals gab es einen lebhaften Handel mit Mitteleuropa und durch zahlreiche Explora-
tionsfahrten dehnten sich die Handelswege bis nach Russland und in den orientalischen
Raum aus, was zahlreiche arabische Münzfunde in ausgegrabenen Wikingersiedlungen
belegen. Sie zeigen die damaligen Schwerpunkte des nordischen Handels.

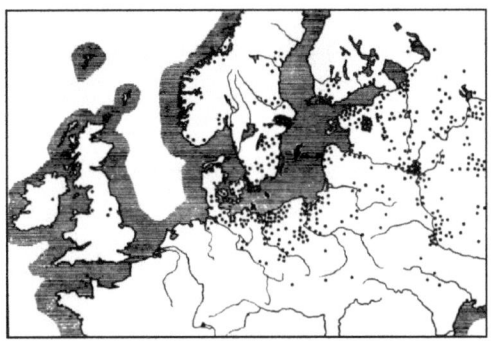

Abb. 1: Arabische Münzfunde in Nordeuropa

Da sich die vielen Jahrhunderte nordeuropäischer Wirtschaftsgeschichte nicht umfas-
send in einer Hausarbeit darstellen lassen, war ich gezwungen, Schwerpunkte zu setzen.
Nach der Wikingerzeit ist dies sicherlich die (z. T. schwärmerisch verklärt dargestellte)
Zeit der Hanse. „Die Hanse ist ein Phänomen, das von heutigen Deutschen durchweg
positiv bewertet wird."[1] Oft wird dieser erst Kaufmanns-, später Städtebund als Beispiel
für ein modernes europäisches Wirtschaftsbündnis genutzt. Tatsache ist, dass sie spe-
ziell für die wirtschaftliche und geographische Entwicklung Nordeuropas außerordent-
lich wichtig war, man bedenke nur die staken Besiedelungsprozesse und die zahlreichen
Stadt- bzw. Festungsbauten. Ein dritter Schwerpunkt ist die Entwicklung Skandinaviens
seit der Frühen Neuzeit. Sie war der Wegbereiter für die Herausbildung der heutigen
fünf modernen, unabhängigen Nationalstaaten und die Entwicklung nordeuropäischer
Wohlfahrtssysteme, die immer noch eine weltweite Vorbildsfunktion besitzen.

---

[1] Hammel 2000, S. 7.

2

2. Wirtschaftsgeschichtliche Entwicklung in Skandinavien

2.1 Prähistorische Verhältnisse

Einige der ältesten Siedlungsspuren Nordeuropas wurden in Norwegen, hauptsächlich in der Finnmark, entdeckt und sind auf 10.000 bis 12.000 v. Chr. datiert worden. Mit dem Abschmelzen der Eismassen der letzten Glazialzeit (für Skandinavien zwischen 11.000 - 12.000 v. Chr.) kamen möglicherweise Einwanderer von der russischen Kola-Halbinsel, wo ähnliche Spuren gefunden wurden.[2]

Um 5000 v. Chr. entfaltete sich im klimatisch begünstigten Oslofjord eine Steinzeitkultur (sog. Nöstvet-Epoche[3]), in der sich schon ein lebendiger Handel mit Werkstoffen und Steinwerkzeugen entlang der norwegischen Westküste entwickelte. In der Jüngeren Steinzeit (3.000 – 1.500 v. Chr.) betrieb man dort eine intensive Bodennutzung und Viehhaltung, die aber um 500 v. Chr. (Beginn der Eisenzeit) aufgrund von klimatischen Verschlechterungen teilweise aufgegeben wurde. Die Siedler begannen sich in Sippen zusammenzuschließen, deren Könige die sog. *jarle* waren.

2.2 Die Zeit der Wikinger – Phase der Expansion

Gegen Ende der Völkerwanderung (600 n. Chr.) erlebte insbesondere Norwegen eine erneute Blüte- und Expansionszeit – die Wikingerzeit. Sie begann um etwa 800 n. Chr. und erstreckte sich über einen Zeitraum von fast drei Jahrhunderten, genauer gesagt von der Zerstörung des Klosters Lindisfarne an der schottischen Ostküste 793 durch plündernde Wikinger bis zur Einnahme Englands durch Wilhelm den Eroberer in der Schlacht bei Hastings 1066.[4]

Die Herkunft des Wortes *Viking* (dessen eingebürgerte deutsche Form „Wikinger" ist nicht ganz korrekt, hat sich aber durchgesetzt) ist historisch nicht eindeutig belegt. MAGNUSSON gibt als eine Möglichkeit die Ableitung vom altnordischen Wort *vik* (Bucht) an. Demnach bedeutet *Viking*: „Jemand, der sein Schiff in einer Bucht liegen lässt, entweder, um Handel zu treiben oder zu rauben"[5]. Ein andere Möglichkeit ist die

---

[2] Vgl. Gläßer 1993, S. 6.
[3] Gläßer 1993, S. 7.
[4] Vgl. Capelle 1971, S. 8.
[5] Magnusson 2003, S. 10.

Anlehnung an das altenglische Wort *wic* (lat. *vicus*), was in etwa ein „Lager" oder einen „Handelsplatz" beschreibt. Wikinger kann also Krieger bzw. Seeräuber oder Händler bedeuten, je nach Interpretation.[6]

Ihr ursprüngliches Kerngebiet waren die (heutigen) Länder Norwegen, Dänemark und Schweden. Dänemark war zu dieser Zeit weiter ausgedehnt, die heute schwedischen Provinzen Skåne, Blekinge und Halland waren damals Bestandteil des Dänischen Reiches. Der Süden von Jütland wurde an seiner engsten Stelle beim heutigen Schleswig durch die komplexe Wallanlage „Danewerk"[7] befestigt, die nur einen einzigen Durchlass für den sog. „Heerweg", einer Transitstrecke von Kontinental- nach Nordeuropa, bot. So konnte man (und kann auch heute noch) Dänemark als ein „Brückenland zwischen Mittel- und Nordeuropa"[8] bezeichnen.

Die Bevölkerung des damaligen Schwedens konzentrierte sich auf die stark bewaldete und fruchtbare Zentralebene zwischen der kargen Hochebene von Småland und dem ungastlichen Norrland. Die beiden dort lebenden Stämme Svear[9] und Götar hatten ihre Zentren in den Provinzen Uppland, mit dem Königsitz Alt-Uppsala, und Väster- bzw. Östergötland. Auch die Insel Gotland nahm durch ihre strategisch günstige Lage in der Ostsee früh eine bedeutende Rolle ein.

Auf dem Gebiet des heutigen Norwegens[10] konzentrierte sich die Bevölkerung auf die südlichen, fruchtbaren Gebiete, besonders entlang des Oslofjords und in der Ackerlandschaft Jærens. Die immerhin gut 20.000 km lange Uferlinie (einschließlich der Inselküsten vermutlich sogar über 80.000 km[11]) zwang die Norweger zu einer starken Orientierung zum Meer hin, was schon früh zu kurzen Seereisen über die Nordsee bis zu den Britischen Inseln führte.[12]

Ausgehend von diesen Ländern bereisten sie ab Mitte des 9. Jahrhunderts West- und Mitteleuropa, später stießen sie bis in den mediterranen, südrussischen, orientalischen und sogar ostamerikanischen Raum vor. Die Gründe der Explorationen sind bis heute noch nicht vollständig geklärt; GLÄßER gibt für diesen Expansionsdrang Überbevölke-

---

[6] Vgl. Magnusson 2003, S. 10.
[7] Benannt nach dem sagenhaften König „Dan", der Dänemark und diesem Bauwerk seinen Namen gegeben haben soll, vgl. Magnusson 2003, S. 61.
[8] Gläßer 1980, S. 9.
[9] Vom Namen dieses nordischen Stammes leitet sich der heutige Name *Sverige* (=Schweden) ab.
[10] Abgeleitet vom „Weg nach Norden", vgl. Gläßer 1993, S. 6.
[11] Gläßer 2003, S. XVIII.
[12] Vgl. Graham-Campbell 1982, S. 14 ff.

4

rung der damaligen Siedlungsgebiete, Mangel an kultivierbaren Land und die vielen

kriegerischen Auseinadersetzungen der nordischen Königreiche an. Weiterhin lockten

neben Abenteuerlust auch die reichen Beutemöglichkeiten entlang der Handelswege der

Ost- und Nordseeküste.[13]

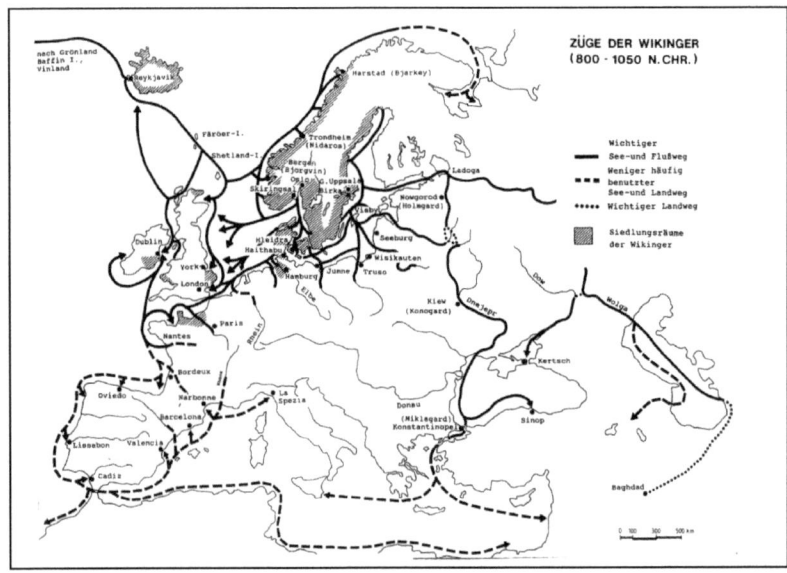

Abb. 2: Züge der Wikinger

Die Wikingerzüge waren aber nicht immer kriegerischer oder ausbeutender Natur. Nach

GRAHAM-CAMPBELL wird „im allgemeinen [...] die Bedeutung der ersten überlieferten

Raubzüge überschätzt"[14], denn „durch Piraterie konnte man kaum solch ein regelmäßi-

ges Einkommen erzielen wie etwa durch die Versorgung der Araber mit Sklaven im

Austausch gegen Silber"[15]. Viele der Reisen dienten also eher Handelsaktivitäten, und

oft waren damit Siedlungsgründungen verbunden.

Der frühste bekannt Handelsplatz der Wikinger war Helgö, eine Inselsiedlung im

schwedischen Mälarsee, die zu Beginn des 9. Jahrhunderts durch das nur wenige Kilo-

meter westlich gelegenen Birka (auf der Insel Björkö) abgelöst wurde.[16] Mit Beginn der

---

[13] Vgl. Gläßer 2003, S. 2.
[14] Graham-Campbell 1982, S. 23.
[15] Graham-Campbell 1982, S. 150.
[16] Vgl. Magnusson 2003, S. 19.

Wikingerzeit wuchs die Bedeutung des Handels im damaligen Skandinavien: Wichtige Güter waren Salz, Waffen, Schmuck, Gläser, Keramik aus Kontinentaleuropa und Pelze, Häute, Felle, Fische (und im geringen Umfang Bernstein) aus dem nordeuropäischen Raum.[17] Anhand vieler Bodenfunde schloss man, dass besonders rheinische Glaswaren und Schwertklingen – Importwaren aus dem karolingischen Reich – begehrte und kostbare Güter waren. Im Warenverkehr eine große Rolle spielten vermutlich auch friesische Tuche und Nahrungsmittel (hauptsächlich Butter und Honig) aus Norddeutschland, was aber leider archäologisch nicht eindeutig belegbar ist.[18]

Schnell bildeten sich weitere stadtartige Handelszentren, bspw. Dublin, York, Kaupang (am Oslofjord) und Dorestad (bei Utrecht). Gemeinsam ist ihnen nach CAPELLE die Eigenschaft, dass sie „nur an solchen Orten entstanden, die einen unmittelbaren Zugang auf dem Wasserweg zum offenen Meer boten. Handelszentren von der Bedeutung und Größenordnung, wie sie [...] Birka und Kaupang aufweisen, sind deshalb weder im Binnenland angetroffen worden, noch ist eine Auffindung dort zu erwarten"[19]. Die damaligen Handelswege waren also hauptsächlich Seewege.

Für den Fernhandel suchten sich die Wikinger gezielt Orte, über die der weitere Vertrieb der Importgüter gesteuert wurde, also Handelskolonien mit starkem, absatzfähigem Hinterland.[20] Eine große Bedeutung kam dabei der Siedlung Haithabu (dän. Hedeby, dt. Heideort) nahe dem heutigen Schleswig am Ufer der Schlei zu. Rasch wuchs sie durch ihre geschützte Lage am süddänischen Danewerk-Wall. Durch ihre exponierte Lage nahe der Kreuzung des Heerweges mit der „Schleswiger Landenge"[21], dem Warentransportweg über Land zwischen Nord- und Ostsee, entwickelte sie sich neben Birka zu einem „der wichtigsten Handelsplätze Nordeuropas während der Wikingerzeit"[22].

Dadurch dass die meisten Siedlungsschichten später unter Wasser gerieten und so gut konserviert wurden, kann man sich heute ein relativ gutes Bild der damaligen Besiedelung machen. Erste halbkreisförmig angelegte Verteidigungsanlagen aus Holzpalisaden lassen sich auf das Jahr 810 datieren[23]. Die einzelnen, rechteckigen Höfe bestanden aus

---

[17] Vgl. Gläßer 2003, S. 3.
[18] Vgl. Capelle 1971, S. 71f.
[19] Capelle 1971, S. 75.
[20] Vgl. Capelle 1971, S. 76.
[21] Magnusson 2003, S. 61.
[22] Magnusson 2003, S. 64.
[23] Magnusson 2003, S. 64.

Holzbrettern bzw. Flechtwerk und waren parallel zu dem durch die Anlage verlaufenden
Bach angeordnet, was auf eine planmäßige Stadtentwicklung schließen lässt.

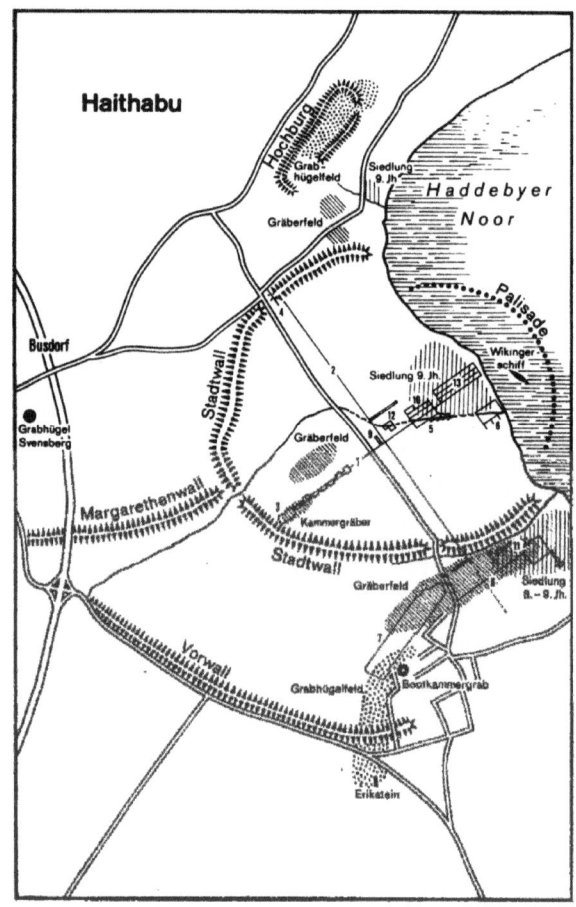

Abb. 3: Übersicht von Haithabu

Haithabu kam schon früh unter den Einfluss des Christentums, da die meisten Toten auf
eher christliche Weise auf den städtischen Friedhöfen bestattet wurden; die Lebenser-
wartung lag bei etwa 40 Jahren. Ähnlich wie Birka hatte die „Stadt" ihren Höhepunkt
im 10. Jahrhundert überschritten und war nach mehreren Überfällen und Plünderungen
gegen Ende des 11. Jahrhunderts aufgegeben worden.[24]

---

[24] Vgl. Graham-Campbell 1982, S. 154ff.

Mit der Eroberung Englands durch die Normannen im Jahre 1066 und die Zurückschlagung der Wikinger endete ihre große Zeit. Nach der großen Expansion im 8. und 9. Jahrhundert waren viele in ihre ursprünglichen Heimatländer zurückgekehrt oder in fremden Ländern von der einheimischen Bevölkerung so absorbiert worden, dass sie ihre Identität als skandinavische Wikinger verloren hatten. Sie hatten nicht mehr den Zulauf, die polische Erfahrung und die kriegerische Kraft, um ihre vielen und fernen Eroberungen und Handelskolonien beizubehalten.[25]

2.3 Die europäische Integration des Nordens im Mittelalter

Das zwölfte Jahrhundert war für die Eingliederung Skandinaviens in Europa eine grundlegende Zeit, eng verbunden mit der christlichen Herrschaft und dem Aufbau eigenständiger Kirchenstrukturen. Dir Christianisierung des Nordens, die ersten Bestrebungen gab es unter dem Hl. Ansgar (801 – 865), war nach GLÄßER die erste richtige „dauerhafte Verknüpfung von Nord- mit Mittel- und Westeuropa"[26]. Unterstanden Ende des 11. Jahrhunderts die Bistümer Dänemarks noch dem Erzbistum Bremen-Hamburg, löste man sich ab 1104 von dieser kirchlichen Abhängigkeit und unterstellte sich dem neu gegründeten Erzbistum Lund in der (damaligen) dänischen Provinz Skåne. Das eigene Erzbistum bedeutete eine eigenverantwortliche Kirchenhoheit im Rahmen der als unerträglich empfundenen Bevormundung durch die päpstlich-zentralisierte Struktur der katholischen Kirche.[27]

Verbunden mit dieser Emanzipation war eine starke Urbanisierung: Nach der Erhebung Lunds zum „Metropolit der ganzen nordischen Kirche"[28], erfasste den Norden ein kleiner „Bauboom": Neben dem Ausbau des neuen Sitzes des (dänischen) Erzbischofes, wurden auch die anderen Bischofsitze, bspw. Ribe und Roskilde, erweitert und viele Klöster und Kirchen auf dem Land errichtet. In Mittelschweden und vermutlich auch Norwegen wurden weite Landstriche gerodet, um sie für die Besiedelung und Landwirtschaft nutzbar zu machen, weiterhin Südwestfinnland „kolonisiert". Es vollzogen sich bedeutende sozioökonomische Wandlungen in dieser Zeit. Die Mönche entwickelten die Landwirtschaft und den Obstanbau weiter und führten eine Reihe von in Nordeuropa bis

---

[25] Vgl. Magnusson 2003, S. 265f.
[26] Gläßer 2003, S. 4.
[27] Vgl. Kaufhold 2001, S. 106.
[28] Kaufhold 2001, S. 107.

dahin mehr oder weniger unbekannte Tiere und Kulturpflanzen ein.[29] Eine „Zunahme der Mobilität"[30] förderte die weitere Integration in Europa, die mit dem Aufkommen der Hanse und einer erneuten wirtschaftlichen Blüte zu Beginn des 13. Jahrhunderts einen neuen Höhepunkt hatte.

2.4 Die Hanse – Brücke zwischen den Märkten im 12. bis 17. Jahrhundert

Während im frühen Mittelalter der Handel Skandinaviens mit Kontinentaleuropa stark zurückging, erlebte er zu Beginn des 13. Jahrhunderts einen erneuten Aufschwung – durch die Entstehung der Hanse. Mit ihrer Gründung im 12. Jahrhundert bestimmte sie über 500 Jahre bis zur Mitte des 17. Jahrhunderts (genauer gesagt bis 1669[31]) die wirtschaftlichen Geschicke des ganzen nordeuropäischen Raums. Trotz der Macht dieses Bundes war sein Hauptziel nicht politischer, sondern wirtschaftlicher Art. Die Hanse diente als „Vermittlerin zwischen Ost und West"[32] und wollte „den Handel ihrer Kaufleute fördern und bewahren"[33], letzteres besonders durch gegenseitige Unterstützung gegen adelige Herrschaftsansprüche. Nach HAMMEL-KIESOW war für diesen Bund „kennzeichnend [...] die doppelte Dichotomie von handelswirtschaftlicher *und* politischer Organisation sowie von Kaufleuten *und* Städten"[34]. Die Hanse bot ihren Mitgliedern Schutz im Ausland, vertrat ihre Belange gegenüber fremden Machthabern, verschaffte ihnen Privilegien, z. B. Zollbefreiung, und entschied interne Streitigkeiten durch eine eigene Gerichtsbarkeit, die von den Ältesten und Vorstehern, den sogenannten Oldermännern, ausgeübt wurde.[35]

Das Kerngebiet, in dem sich die Hansestädte hauptsächlich befanden, erstreckte sich vom niederländischen Zuidersee im Westen bis nach Westrussland bzw. Estland (Livland), vom nordischen Visby bis zur Städtelinie Köln-Erfurt-Krakau im Süden. Dazu kamen eine Reihe von bedeutenden Niederlassungen, die sog. Kontore, beispielsweise Novgorod in Russland, Brügge in Flandern und das norwegische Bergen.[36]

---

[29] Vgl. Gläßer 2003, S. 4f.
[30] Krötzl 1994, S. 366.
[31] Vgl. Hammel-Kiesow 2000, S. 2.
[32] Dollinger 1973, S. 19.
[33] Dollinger 1973, S. 19.
[34] Hammel-Kiesow 2000, S. 10.
[35] Vgl. Hansestadt Lübeck – Lübeck und die Hanse 2003.
[36] Vgl. Hammel-Kiesow 2000, S. 10f.

Trotz aller Stadtgründungen und –ausbauten im Nord- und Ostseeraum war die Hanse aber keine „Siedlungs- bzw. Kolonisationsbewegung [...], sondern [...] eher eine von wirtschaftlichen Momenten geprägte Expansion"[37]. Gleich von Anfang an nahm Lübeck nach seiner vollendeten Gründung 1158/59 durch den Herzog von Sachen, Heinrich den Löwen (1154 – 1180), eine führende Stellung ein und wurde das anerkannte „Haupt der Hanse"[38]. Lübeck behielt seine führende Stellung bis zum Ende des Bundes, unter anderem aufgrund seiner günstigen Lage zwischen Nord- und Ostsee und der damit verbundenen wirtschaftlichen Bedeutung.

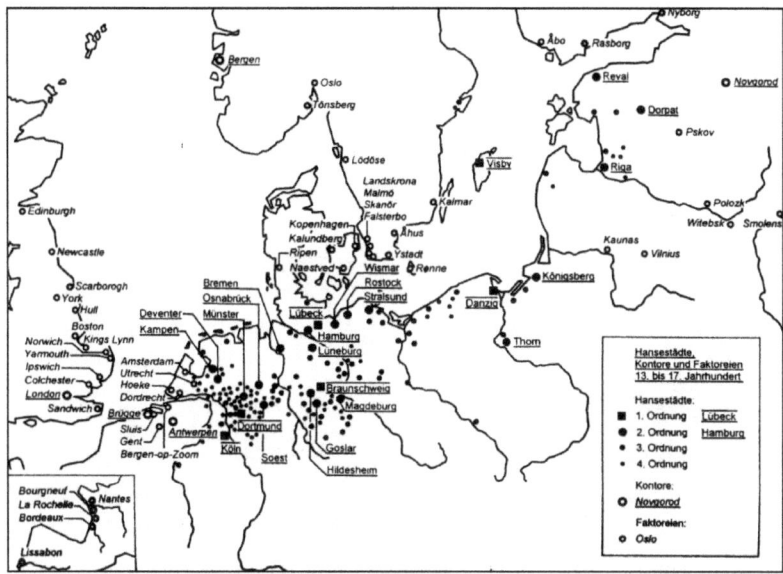

Abb. 4: Ordnung der Hansestädte, Kontore und Faktoreien

2.4.1 Historisierung

Die Entwicklung der Hanse lässt sich grob in zwei Abschnitte unterteilen. Zuerst entsprang im 12. Jahrhundert die *Kaufmannshanse* einem eher losen Zusammenschluss von Kaufleuten aus wirtschaftlich bedeutenden norddeutschen Städten („hansa" ist die althochdeutsche Bezeichnung für eine Schar oder Gruppe[39]). Sie entstand aus der „Genos-

---

[37] Gläßer 2003, S. 6.
[38] Hansestadt Lübeck – Die Hansetage der Neuzeit 2003.
[39] Vgl. Hansestadt Lübeck – Lübeck und die Hanse 2003.

senschaft der Gotland besuchenden deutschen Kaufleute" die seit 1161 jährlich in Lübeck zusammenkam, um den Handel über Gotland, dem seit der Wikingerzeit bedeutensten Handelsplatz im zentralen Ostseeraum, gemeinsam zu organisieren.[40] Sie wählten einen Vorsteher, leisteten einen gemeinsamen Beistands- und Gehorsamseid und segelten dann nach Gotland, wo sie begehrte russische Waren wie Pelze, Wachs und Teer von den gotländischen Händlern kauften und flandrische Tuche verkauften. Nach und nach ließen sich auf der Insel Kaufleute nieder und gründeten die (deutsche) Siedlung Visby, die mit Lübeck zur „Hauptstütze des Ostseehandels"[41] wurde.

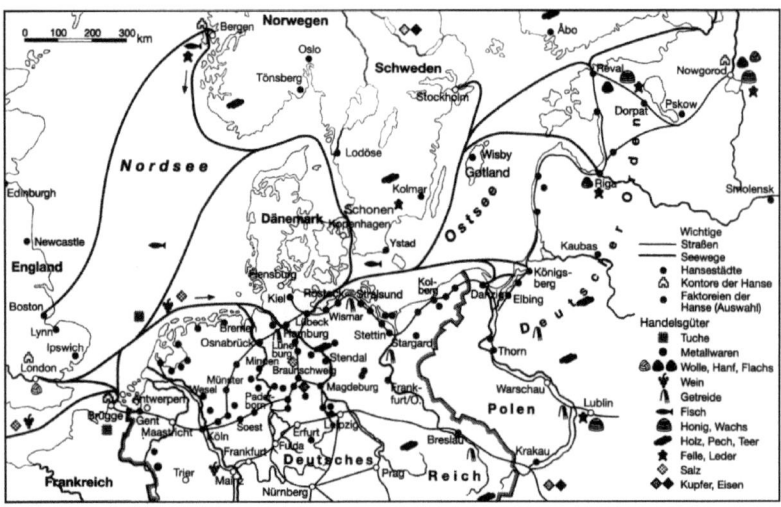

Abb. 5: Hansestädte und Handelswaren vom 13. bis zum 17. Jahrhundert

Die gotländische Genossenschaft erlebte einen glänzenden Aufschwung. Sie gründete erfolgreiche Handelsniederlassungen, die Kontore, in London, Bergen, Novgorod und Brügge, hatte einen entscheidenden Anteil an der Gründung und Expansion zahlreicher Handelsstädte an den Ostseeküsten (bspw. wurden aus kleineren Kaufmannsiedlungen die Städte Rostock, Kalmar und Danzig) und erhielt im Ausland zahlreiche Privilegien.[42] Dennoch befand sich die Gemeinschaft seit Mitte des 13. Jahrhunderts im Niedergang, es wurde immer schwieriger, die umfangreichen Aufgaben zu bewältigen und den Kaufleuten Hilfe und Schutz zu geben. Die Genossenschaft löste sich auf (per Be-

---

[40] Vgl. Gläßer 2003, S.6.
[41] Dollinger 1973, S. 20.
[42] Vgl. Dollinger 1973, S. 21f.

schluss wurde ihr Siegel 1298 außer Kraft gesetzt[43]), an ihre Stelle trat ein Schutzbündnis „wendischer Städte"[44] unter der Führung Lübecks.

Mit dessen zunehmender politischen Bedeutung im 14. Jahrhundert, besonders nach dem Krieg mit Dänemark und dem darauffolgenden Frieden von Stralsund (1356 – 1370), entstand die *Städtehanse*, deren wichtigste Entscheidungen auf den bis 1669 jährlich in Lübeck stattfindenden Hansetagen gefasst wurden. Sie wurde trotz des immer noch recht losen Bundes zwischen den Mitgliedern zu einer politischen und militärischen Macht, die mehrere erfolgreiche Kriege führte. Den Höhepunkt bildete der bereits erwähnte Krieg, den die Hansestädte 1364 bis 1370 gegen den dänischen König Valdemar IV. (Atterdag) führten. Er herrschte über das „Silber der Ostsee", dem Hering, und gewährte der Hanse das Fischereirecht in dänischen Gewässern und entlang der Küste Skånes. Es war das wichtigste Handelsgut der Hanse, da es gläubige Christen in Europa an vielen Tagen im Jahr als Fastennahrung zu sich nahmen.[45] Doch Valdemars Expansions- und Eroberungsdrang machte dieses Abkommen zunichte und gefährdete die Handelswege auf der Ostsee. In der Kölner Konföderation schloss man sich zu einem Kriegsbündnis gegen Valdemar zusammen, welches sich nach der Kapitulation Dänemark und dem Stralsunder Frieden 1370 erfolgreich behaupten konnte, und durch den glänzenden Sieg ihre Macht für 150 Jahre sicherte.[46] Militärische Maßnahmen der Hanse dienten also der Durchsetzung von wirtschaftlichen Zielen, wenn Verhandlungen oder Handelsboykott nicht mehr fruchteten.[47] Valdemars Tochter Margarete war weniger kriegstreibend und brachte mit der Kalmarer Union 1397, der Vereinigung Dänemarks mit Schweden und Norwegen, eine Zeit relativer Ruhe und wirtschaftlicher Entfaltung.

Im 14. Jahrhunderts erweiterte und intensivierte die Hanse ihre Kontakte nach Süddeutschland und Italien und den Seehandel bis nach Frankreich, Spanien und Portugal.[48] Widerstand gegen das Handelsmonopol und die protektionistischen Maßnahmen der Hanse leisteten nur Niederländer, Engländer und Süddeutsche, später aber mit zuneh-

---

[43] Vgl. Dollinger 1973, S. 22.
[44] Im „wendischen Land" gegründete Städte, z. B. Lübeck, Hamburg, Kiel, Rostock, Wismar und Stralsund, siehe dazu: Dollinger 1973, S. 22.
[45] Vgl. Walter 2004, S. 28.
[46] Vgl. Dollinger 1998, S. 96ff.
[47] Vgl. Hansestadt Lübeck – Lübeck und die Hanse 2003.
[48] Vgl. Dollinger 1998, S. 11.

menden Erfolg. Die Zeit des Strahlsunder Friedens war weniger ein Ausgangspunkt eines neuen wirtschaftlichen Aufschwungs, sondern eher der Anfang des Niedergangs, der sich allmählich durch das 15. Jahrhundert fortsetzte.[49]

2.4.2 Ende der „Alten Hanse" und Beginn der „Neuen Hanse"

In ihrer Glanzzeit gehörten der Hanse fast 200 Hafen- und Binnenstädte an, kein anderer Städtebund des Mittelalters erreichte auch nur annähernd den Einfluss oder die se Ausdehnung. Nach und nach gingen die politischen und wirtschaftlichen Interessen der Mitglieder aber doch auseinander und nach dem dreißigjährigen Krieg konnte im beginnenden Zeitalter der Nationalstaaten diese Gemeinschaft nicht mehr wiederbelebt werden. „Das Wirtschaftssystem der Hanse passte nicht mehr zu den neuen Bedingungen, und ihre politische Macht konnte sich nicht mehr mit der Kraft der Monarchien ihrer Zeit messen"[50], beschreibt es DOLLINGER. Ein engerer Bund zwischen Lübeck, Hamburg und Bremen und damit der letzte Wiederherstellungsversuch des Bundes scheiterten auf dem letzten Hansetag 1669.

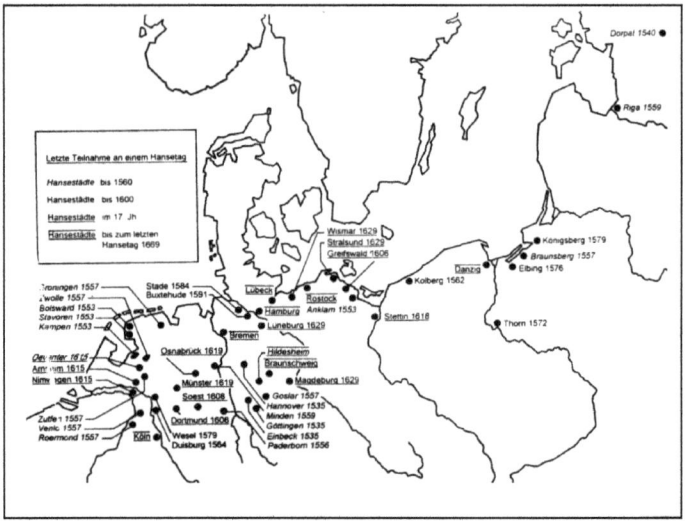

Abb. 6: Die letzten Teilnehmer der Hansetage

---

[49] Vgl. Dollinger 1998, S. 27.
[50] Dollinger 1998, S. 11.

Doch ganz aus den Köpfen der Menschen ist der Mythos dieses Bundes noch nicht verschwunden. Mit der Öffnung des „eisernen Vorhangs", der Neuorientierung der osteuropäischen, besonders der baltischen Staaten und Polen, und des wirtschaftlichen Zusammenwachsens des Ostsee-Raumes, entwickelte sich eine Art „Hanse der Neuzeit"[51]. Anlässlich der 750-Jahr-Feier der alten niederländischen Stadt Zwolle begründete man die Tradition der Hansetage neu. Wieder unter dem Vorsitz des Lübecker Bürgermeisters kamen 1980 dort 44 Vertreter der (ehemaligen) Hansestädte zusammen und berieten über Themen wie Denkmalschutz, Restaurierung und Sanierung ihrer historischen Stadtkerne. Jüngst kamen auch die Punkte Umweltschutz (besonders des Ostsee-Raums), Bedeutung des europäischen Binnenmarktes, sowie wirtschaftliche und kulturelle Förderung der devisenschwachen osteuropäischen Städte hinzu. Mittlerweile nehmen über 100 Städte an diesen jährlichen Zusammentreffen (z. B. 1988 in Köln) teil, und es liegen Bewerbungen für künftige Austragungsorte bis in das Jahr 2029 vor.[52] Seit dem Jahr 2000 besitzt die „Neue Hanse" eine Satzung, zu deren Einhaltung sich alle Mitgliedsstädte per Unterschrift verpflichteten. Sie regelt Organisation, Ziele und Projekte und schreibt beispielsweise die Existenz eines Hansebüros am Amtssitz des gewählten „Vormannes" vor.[53] Auch wenn dieser (wieder recht lose) Zusammenschluss keine richtige politische und wirtschaftliche Macht besitzt, so zeigt doch die Idee dieser (jedoch stark idealisierten) Gemeinschaft immer noch Wirkung.

2.5 Skandinaviens wirtschaftliche Entwicklung seit der Frühen Neuzeit

Mit dem Untergang der Hanse war glücklicherweise kein Niedergang der Integration Skandinaviens in die Weltwirtschaft verbunden. Jedoch hatte der Ostseeraum seine vormals herausragende Bedeutung im weltweiten Handel verloren, Amsterdam wurde zum neuen Zentrum, besonders der Hochfinanz.[54]

Prägend für die Epoche der frühen Neuzeit in Nordeuropa war bis zum 19. Jahrhundert das Ringen der beiden großen Reiche Dänemark und Schweden um die Vorherrschaft im Ostseeraum.[55] Nach dem Ende der Kalmarer Union fielen 1658 die dänischen Provinzen Bohuslän, Skåne, Blekinge und Halland wieder an das schwedische Königreich,

---

[51] Hansestadt Lübeck – Die Hansetage der Neuzeit 2003.
[52] künftige Austragungsorte und –termine siehe: http://www.luebeck.de/stadt_politik/hanse/hansetage.
[53] Vgl. Hansestadt Lübeck – Die Hansetage der Neuzeit 2003.
[54] Vgl. Walter 2004, S. 29.
[55] Vgl. Gläßer 2003, S.10.

14

was dessen Großmachtsanspruch weckte, der sich insbesondere im dreißigjährigen Krieg mit dem Einmarsch schwedischer Truppen in deutsche Königreiche zeigte. Diese Zeit drückte sich besonders in folgenden beiden Aspekten aus[56]:

- Die planmäßige Anlage vieler Städte und das Errichten von Festungsanlagen (bekannte Beispiele sind hier das dänische Fredericia, das norwegische Kristianssand und Kristianstad im südschwedischen Skåne[57]), die von den aufkommenden ideellen Vorstellungen der Renaissance und des Barocks beeinflusst waren.

- Die mit dem Gedankengut des Merkantilismus verbundene Förderung des Handels, der gewerblich-industriellen Zentren und die staatlichen Lenkung des Bergbaus.

Niederländische Händler gründeten hauptsächlich in Schweden ihre Ableger und schalteten sich zunehmend auch in die Produktion (bspw. Schiffsholz, Teer, Pech, Harz) und den Bergbau (bspw. Gold, Silber, Blei) ein; Wirtschaftsbereiche, die den Nationalstaaten zum Aufbau ihrer Handelsflotten, der Kriegsmarine und dem weiteren Ausbau ihres Machtanspruchs dienten.[58] Ein wichtiges Exportgut Schwedens wurde ab dem 16. Jahrhundert Glas aus dem småländischen Städtedreieck Växjö, Eksjö und Kalmar, vermutlich durch deutsche Handwerker mit der beginnenden Vasa-Zeit ins Leben gerufen.[59] Entscheidend für die Rückkehr bzw. die weitere Integration Schwedens in die Weltwirtschaft des 17. Jahrhunderts war dessen beginnende Dominanz im Erzbergbau. Kupfer und Eisenerze waren die Grundlage für viele Alltags- und Waffenprodukte, Kupfer besaß dabei eine herausragende Bedeutung, zumal es später auch als Zahlungs- und Tauschmittel eingesetzt wurde.[60] Bekanntestes Beispiel für den (norwegischen) Bergbau ist die heute unter Denkmalschutz stehende Stadtanlage von Røros, in der sich im 17. und 18. Jahrhundert sächsische Bergleute wegen der nahen Kupferminen niedergelassen hatten.[61]

Der „take-off" der im 19. Jahrhundert in Mitteleuropa einsetzte Industrialisierung, also die Umwandlung der ländlich-agrarischen Wirtschaft in eine industrielle[62], erreichte

---

[56] Vgl. Gläßer 2003, S.10.
[57] Entwicklung der planmäßigen Stadtanlage, siehe hierzu: Gläßer 2003, S.11.
[58] Vgl. Walter 2004, S. 30.
[59] Vgl. Gläßer 2003, S.14.
[60] Vgl. Walter 2004, S. 30.
[61] Vgl. Gläßer 2003, S.14f.
[62] Vgl. Pierenkemper 1998, S. 159ff.

Nordeuropa relativ spät. Doch die ständig wachsende Rohstoffnachfrage der mitteleuropäischen Schwerindustrie sorgte schließlich für den Durchbruch. Dies förderte die Rohstoffexploration und –ausfuhr aus dem Norden (trotz eines noch bis 1875 bestehenden Exportverbotes für schwedisches Eisenerz und Roheisen) und die damit verbundene Besiedelung von Räumen nördlich des Polarkreises; beispielhaft der Exporthafen Narvik in Nordnorwegen, seit 1902 mit dem Erzabbaugebieten im schwedischen Kiruna über eine Bahnlinie verbunden.[63]

Im 20. Jahrhundert schließlich spaltete sich der skandinavische Raum in fünf unabhängige Nationalstaaten auf, deren „innernordische Zusammenarbeit"[64] aber immer noch recht stark ist. Schon vor der Europäischen Union und dem Vertrag von Maastricht gab es gemeinsame Zoll- und Wirtschaftsabkommen, sowie den „Nordischen Rat" zur besseneren Zusammenarbeit. Besonders Dänemark und Schweden haben sich zu stark industrialisierten Ländern entwickelt, die auch mit ihren sozialen Errungenschaften, beispielhaft hier nur das vielzitierte „Schwedische Wohlfahrtsmodell" (svensk volkshemmet), zu großen Vorbildern für das ganz moderne Europa wurden.

3. Schlussbetrachtung

Eine naturgeographische oder normativ definierte Region Nordeuropa gibt es nicht. Eine politische Einheit der nordischen Nationalstaaten scheiterte trotz enger Zusammenarbeit im Nordischen Rat und mehrerer gemeinsamer Abkommen (bspw. ein gemeinsamer Arbeitsmarkt 1954, Verkehrs- und Umweltabkommen in den 1970er Jahren) an dem Eintritt von Dänemark, Schweden und Finnland in die EU.[65] Selbst die gemeinsame Wirtschaftsregion misslang an der gegenseitigen Konkurrenz, wie z. B. Schweden und Finnland in der Holzindustrie. Es scheint, „Mitteleuropa hat Teile des Norden eingefangen"[66], dessen (wirtschaftliche) Identität geht verloren, die Staaten driften auseinander. Doch ganz soweit ist dies nicht, was sich besonders im September 2003 beim

---

[63] Vgl. Gläßer 2003, S.15.
[64] Gläßer 2003, S.15.
[65] Vgl. Gläßer 2003, S. 206f.
[66] Gläßer 2003, S. 206f.

Referendum über den Beitritt Schweden zum Euro gezeigt hat. Auch die Norweger konnten sich in zwei Volksabstimmungen (1972 und 1994) nicht für einen EU-Beitritt entscheiden, bei Island gilt dies ebenfalls mehr als unwahrscheinlich. Momentan wird in Schweden von EU-Gegnern versucht, eine Volksabstimmung über die EU-Verfassung zu erzwingen.[67] Hier rechnet man ebenfalls mit einer breiten Ablehnung. Hat sich „der Norden" also doch noch nicht ganz in Europa integriert?

Faktum ist, dass Skandinavien zu den wirtschaftlich dynamischsten Gebieten Europas zählt. Hier wäre nur die Øresund-Region zwischen den Städten Kopenhagen auf dänischer und Malmö/Lund auf schwedischer Seite als ein Beispiel zu nennen. Diese Region ist führend unter anderem im Bereich Pharmakologie und Biotechnologie und konzentriert mittlerweile 10% der gesamten Einwohner Skandinaviens auf ihrer Fläche. Die traditionsreiche Universität und die Kommune Lund bieten schon seit über 20 Jahren mit dem Gewerbepark IDEON hervorragende Bedingungen für die Bildung sog. „spinn-offs", kleine, flexible und kreative Unternehmen, die sich aus universitären Forschungsvorhaben entwickeln konnten. In der Region ließen sich dank umfangreicher wirtschaftlicher Förderung auch große Unternehmen wie Tetra Pack und Astra Zeneka nieder, und der Aufbau von Verkehrsinfrastrukturen, wie z. B. die Øresund-Brücke, das Citytunnel-Projekt in Malmö oder die geplante Tunnelverbindung Helsingør-Helsingborg fördert ihr Zusammenwachsen.

Im Öl und Gassektor besitzt Norwegen eine Art europäisches Monopol, und Finnland ist seit der Einführung von Mobiltelefonen weltweit ein dominantes High-Tech-Land. Island will sich zukünftig stärker im Bereich der Geothermik positionieren und so ganz Nordeuropa mit Energie versorgen. All dies sind nur wenige Beispiele für eine Region, die sich trotz geringer Einwohnerzahl und schwieriger naturgeographischer Umstände behaupten kann. Seit dem Herausbilden einer „New Economy" besonders in Schweden und Finnland, erleben die skandinavischen Länder einen extremen wirtschaftlichen Boom. Eine Reihe von Faktoren haben dazu beigetragen, nicht zuletzt die Bereitschaft zum strukturellen Wandel, die starke Förderung des Bildungssektors und die hohen Investitionen in Forschung und Entwicklung, die zur Herausbildung eines schlagkräftigen, fortschrittlichen High-Tech-Sektor geführt haben.[68]

---

[67] Dagens Nyheter 2004.
[68] Vgl. Zoller 2000, S.11.

Literaturverzeichnis

Capelle, T. (1971): Die Wikinger. Stuttgart: Kohlhammer.

Dagens Nyheter (2004). Online im Internet: http://www.dn.se/akt [Stand: 20.03.2004].

Dollinger, Ph. (1973): Die Hanse. In: Kölnisches Stadtmuseum (Hrsg.): Hanse in Europa – Brücke zwischen den Märkten 12. bis 17. Jahrhundert. Köln.

Dollinger, Ph. (1998): Die Hanse. Stuttgart: A. Kröner.

Gläßer, E. (1980): Dänemark. Stuttgart: Ernst Klett.

Gläßer, E. (1993): Norwegen. In: Wissenschaftliche Länderkunden, Band 14. Darmstadt: Wissenschaftliche Buchgesellschaft.

Gläßer, E. et al. (2003): Nordeuropa. Darmstadt: Wissenschaftliche Buchgesellschaft.

Graham-Campbell, J. (1982): Das Leben der Wikinger. München: Heyne.

Hammel-Kiesow, R. (2000): Die Hanse. München: C. H. Beck.

Hansestadt Lübeck – Die Hansetage der Neuzeit (2003). Online im Internet: http://www.luebeck.de/stadt_politik/hanse/hansetage [Stand: 01.03.2004].

Hansestadt Lübeck – Lübeck und die Hanse (2003). Online im Internet: http://www.luebeck.de/stadt_politik/hanse/luebeck [Stand: 01.03.2004].

Kaufhold, M. (2001): Europas Norden im Mittelalter – Die Integration Skandinaviens in das christliche Europa. Darmstadt: Wissenschaftliche Buchgesellschaft.

Krötzl, C. (1994): Pilger, Mirakel und Alltag – Formen des Verhaltens im skanidinavischen Mittelalter (12.-15. Jahrhundert). In: Studia Historica, Band 46. Helsinki/Tampere: Tammere-Paino Oy.

Magnusson, M. (2003): Die Wikinger. Düsseldorf/Zürich: Artemis & Winkler.

Pierenkemper, T. (1998): Umstrittene Revolution - Die Industrialisierung im 19. Jahrhundert. In: Europäische Geschichte. Frankfurt a. M.: Fischer.

Pörtner, R. (1985): Die Wikinger-Saga. Düsseldorf: Econ.

Walter, R. (2003): Skandinaviens Integration in die Weltwirtschaft des Mittelalters und der Frühen Neuzeit. In: Geographische Rundschau, Jg. 56 (2004), H. 2, S. 26 – 30.

Zoller, A. (2000): Schweden und Finnland: Vorreiter der „New Economy" in Europa. In: Economics, Oktober 2000. Frankfurt a. M.: Deutsche Bank Research.